Christopher Okpanachi
Shehu Sadiq

Fabrico de produtos cerâmicos a partir de matérias-primas locais

Christopher Okpanachi
Shehu Sadiq

Fabrico de produtos cerâmicos a partir de matérias-primas locais

ScienciaScripts

Imprint

Any brand names and product names mentioned in this book are subject to trademark, brand or patent protection and are trademarks or registered trademarks of their respective holders. The use of brand names, product names, common names, trade names, product descriptions etc. even without a particular marking in this work is in no way to be construed to mean that such names may be regarded as unrestricted in respect of trademark and brand protection legislation and could thus be used by anyone.

Cover image: www.ingimage.com

This book is a translation from the original published under ISBN 978-620-2-01672-8.

Publisher:
Sciencia Scripts
is a trademark of
Dodo Books Indian Ocean Ltd. and OmniScriptum S.R.L publishing group

120 High Road, East Finchley, London, N2 9ED, United Kingdom
Str. Armeneasca 28/1, office 1, Chisinau MD-2012, Republic of Moldova, Europe
Printed at: see last page
ISBN: 978-620-7-62472-0

Conteúdo

PREFÁCIO 2

CAPÍTULO 1. INTRODUÇÃO 3

CAPÍTULO 2. FORMAÇÃO DA ARGILA 6

CAPÍTULO 3. PROCESSOS E EQUIPAMENTOS 14

CAPÍTULO 4. FABRICO DE MOLDES...31

CAPÍTULO 5. ESMALTES...41

CAPÍTULO 6. PARÂMETRO DE DENSIFICAÇÃO 46

BIBLOGRAFIA...48

PREFÁCIO

As pequenas e médias empresas desempenham um papel vital no desenvolvimento industrial. Este livro procura destacar os processos de fabrico de cerâmica utilizando matérias-primas locais e modalidades operacionais numa operação de pequena escala para formação básica de oleiros, estudantes, trabalhadores no terreno e empresários envolvidos em indústrias de cerâmica de pequena escala. O fabrico de cerâmica foi uma das primeiras realizações da história da humanidade, desde que o homem aprendeu a controlar o fogo e a manipular o barro; atualmente, a indústria cerâmica é um dos principais sectores de criação de emprego e de riqueza no mundo. Os países abundantemente dotados de recursos minerais, por exemplo, a Europa e a Ásia, são grandes realizadores nas actividades de fabrico de cerâmica, simplesmente porque o seu nível de grandeza é frequentemente um reflexo da forma como os seus recursos foram canalizados, planeados, geridos e utilizados. Para reavivar a indústria em África, é necessário melhorar os investimentos significativos em investigação e desenvolvimento nas técnicas locais de processamento e caraterização de minerais. Este livro pretende fornecer informações e captar todo o processo de fabrico de cerâmica, técnicas, ferramentas e matérias-primas de origem local utilizadas na produção. O conteúdo do livro é o seguinte. O primeiro capítulo contém uma breve introdução e definição de cerâmica, olaria, louça branca, louça de barro, louça de porcelana, louça de pedra, porcelana, cerâmica técnica e avançada. O capítulo dois aborda as matérias-primas cerâmicas de base utilizadas na produção, a sua formação, acessibilidade, localização e tipos. O capítulo três aborda o processo de produção, as máquinas e as medidas de precaução de segurança; o capítulo trata de um aspeto muito importante da eficiência do fabrico, da conversão de energia e da descrição do processo, da manutenção da saúde e da segurança. O capítulo quatro aborda o processo de fabrico de moldes utilizando gesso de Paris (P.O.P.), técnicas de fabrico de moldes de gesso de uma e duas partes com ilustração, defeitos e correcções também foram abordados em pormenor. O capítulo cinco aborda a classificação e a temperatura do vidrado. Os autores agradecem os esforços da editora que gentilmente contribuiu de uma forma ou de outra para o sucesso da publicação desta obra. Os autores gostariam também de agradecer o esforço do Dr. Ezedimbu Ugwoha, do Sr. Bernard Oche e do Sr. Henry Anyanwu, todos do Scientific Equipment Development Institute (S.E.D.I.), Minna, e do Dr. S.A. Lawal da Universidade Federal de Tecnologia, pelas suas imensas contribuições para o sucesso deste livro.

Christopher O. Okpanachi

Shehu Sadi

CAPÍTULO 1. INTRODUÇÃO

A cerâmica ocupa uma posição de destaque no domínio da tecnologia dos materiais, que inclui as tecnologias de produção de vários materiais ou produtos a partir de substâncias naturais, como minerais sólidos, plantas e alguns derivados do petróleo. Envolve as tecnologias utilizadas na produção de quatro materiais principais, nomeadamente: cerâmica, vidros, metais e polímeros (plásticos e outros produtos sintéticos do petróleo). As cerâmicas são fabricadas a partir de minerais sólidos inorgânicos não metálicos, tais como argilas, feldspato, areias quartzosas, calcário, gesso, etc. Os materiais argilosos são abundantes na maior parte das localidades da Nigéria e constituem a principal matéria-prima no fabrico de cerâmica. Há uma abundância de matérias-primas para a produção de cerâmica na Nigéria, de acordo com relatórios geológicos confirmados; a argila, que é uma das principais matérias-primas, encontra-se em todos os estados da federação, incluindo o território da capital federal, Abuja. O caulino encontra-se nos Estados de Ogun, Kogi, Imo, Rivers, Anambra, Bauchi, Kebbi, Ondo, Ekiti, Akwa Ibom, Katsina e Plateau. O feldspato pode ser encontrado em Borno, Kogi, Kaduna e no território da capital federal, Abuja. O quartzo também se encontra em todos os Estados da Nigéria. O talco pode ser encontrado nos Estados de Kogi, Kaduna, Níger e Ekiti. A Nigéria possui grandes depósitos de gesso, que podem ser encontrados nos Estados de Yobe, Adamawa, Ogun, Gombe, Sokoto e Edo. O gesso é um mineral industrial e é o principal ingrediente do gesso de Paris, que é finamente moído, e é utilizado no fabrico de moldes para fundição por deslizamento. As minas de argila e os locais de construção podem produzir uma variedade de materiais argilosos, pelo que alguns conhecimentos da geologia local ou a consulta de oleiros podem ser fontes de informação valiosa. O acesso às argilas permitirá aos estudantes e aos oleiros misturar diferentes massas de argila e compreender o seu comportamento durante a utilização. Também a compreensão dos aspectos químicos das argilas será mais fácil e ajudará a identificar a argila adequada para um determinado fim. Quase todas as argilas contêm um certo nível de impurezas, daí a necessidade de serem processadas antes de serem utilizadas.

Numa fase inicial, a cerâmica era definida como um produto feito de argila, com ou sem adição de outros materiais, e depois cozido para lhe conferir resistência e durabilidade. Atualmente, no entanto, a cerâmica inclui uma vasta gama de produtos, muitos dos quais não contêm argila, mas sim materiais sintéticos que são química e fisicamente estáveis a altas temperaturas. A cerâmica pode também ser definida como um produto fabricado a partir de materiais inorgânicos não metálicos, moldado a frio por vazamento por deslizamento ou no estado plástico ou por prensagem a seco ou semi-seco. Os artigos moldados e secos são cozidos para dar ao produto a resistência e a durabilidade necessárias. Atualmente, alguns produtos cerâmicos são também produzidos por prensagem a quente (não no estado frio), por exemplo, nitrato de silício, nitrato de alumínio, etc. Enquanto outros, como os cimentos, o betão e o gesso de Paris (P.O.P), são endurecidos sem passar pelo processo de cozedura antes de atingirem a dureza necessária. As primeiras cerâmicas feitas pelo homem eram objectos de cerâmica, como potes ou vasos, feitos de barro, por si só ou misturado com outros materiais como a sílica, endurecido e sinterizado. Mais tarde, as cerâmicas foram vidradas e cozidas para criar superfícies lisas e coloridas, diminuindo a porosidade através da utilização de revestimentos cerâmicos vítreos e amorfos sobre os substratos cerâmicos cristalinos. Os materiais cerâmicos são frágeis, duros e fortes em compressão, mas fracos em cisalhamento e tensão. Suportam a corrosão química que ocorre noutros materiais sujeitos a ambientes ácidos ou cáusticos e podem suportar temperaturas muito elevadas, que variam entre 1000^0 C e 1600^0 C (1832^0 F e 2912^0 F). A cerâmica pode ser classificada como cerâmica tradicional ou cerâmica moderna.

Cerâmica tradicional

Este tipo de cerâmica refere-se à cerâmica cujo teor de argila é superior a 20%, é produzida a partir de argila não refinada e da combinação de argila refinada e materiais não plásticos em pó ou granulados. As matérias-primas da cerâmica tradicional incluem minerais argilosos, como a caulinite, e os materiais mais recentes incluem o óxido de alumínio, mais vulgarmente conhecido como alumina. As classificações gerais das cerâmicas tradicionais incluem Cerâmica, que é o nome genérico dos produtos cerâmicos que contêm argila e não são utilizados para fins técnicos ou estruturais. A louça branca é um exemplo de um produto de olaria que se refere à louça cerâmica que apresenta uma cor branca, cinzenta clara ou marfim após a cozedura. A louça branca é ainda classificada da seguinte forma

• A faiança pode ser cerâmica à base de argila não vítrea, vidrada ou não vidrada. A sua área de aplicação inclui artigos de arte, artigos de forno, artigos de cozinha, artigos de mesa e azulejos

• A loiça chinesa é uma loiça de cerâmica vítrea de baixa absorção após a cozedura, utilizada para aplicações não técnicas. A sua área de aplicação inclui artigos de arte, artigos sanitários e artigos de mesa

• O grés é um produto cerâmico semi-vítreo de textura fina, fabricado principalmente a partir de argila refractária ao fogo ou de uma combinação de argilas. A sua área de aplicação inclui objectos de arte, utensílios de cozinha, tubos de drenagem, produtos químicos, utensílios de cozinha, pavimentos e telhas

• A porcelana é um produto cerâmico vítreo, vidrado ou não, utilizado principalmente para fins técnicos. A sua área de aplicação inclui artigos de arte, bolas de moinho de bolas, revestimentos de bolas, artigos químicos, velas de água e isoladores

• Os produtos de argila pesada (cerâmica técnica) são produtos cerâmicos brancos vítreos utilizados para fins químicos (vidro de silicato, velas de água), mecânicos (tijolos cozidos de silicato de alumina), estruturais (tijolos de construção, tubos de drenagem, telhas e ladrilhos) e aplicações térmicas.

Cerâmica moderna

Este é o tipo de cerâmica que tem cerca de sete ramos, tais como: vidros (por exemplo, ótico, borossilicato, opala, fotossensível, compósito de reforço de fibra de vidro), abrasivos (por exemplo, papel de areia, polimento, ferramentas de corte e enchimento), refractários, por exemplo, óxidos (sílica SiO , alumínio Al , berílio BeO, magnésia Mg), magnésio Mg, etc. papel de areia, polimento, ferramentas de corte e enchimento), refractários, por exemplo, óxidos (sílica SiO_2 , alumínio Al_2O_3, berílio BeO, magnésia MgO, zircónio ZrO_2), ferro-eléctricos, ímanes não metálicos, cerâmica nuclear e fabrico de monocristais. No entanto, existem cerâmicas modernas que são classificadas como cerâmicas avançadas. A cerâmica avançada é um tipo de cerâmica utilizada no domínio da medicina, da indústria electro-eletrónica, da blindagem corporal e da engenharia aeronáutica. Os materiais de cerâmica avançada incluem o carboneto de silício e o carboneto de tungsténio. Ambos são valorizados pela sua resistência à abrasão e, por isso, são utilizados em aplicações como as placas de desgaste de equipamento de trituração em operações mineiras.

No entanto, os materiais cerâmicos desempenham um papel vital na nossa vida quotidiana. Fornecem as casas onde vivemos com produtos como tijolos queimados, telhados, telhas, louça sanitária e tubos para drenagem, cimentos para a construção de casas e pontes, refractários para fornos, componentes electrónicos para os nossos aparelhos, máquinas e computadores, isoladores eléctricos para a produção e transmissão de energia e até no domínio das ciências médicas e componentes do sector nuclear. Os materiais e produtos cerâmicos, como o SiAlON e os boronitratos cúbicos, têm uma elevada estabilidade e fiabilidade e, por isso, são utilizados no fabrico de ferramentas de corte e peças de máquinas. O SiAlON é uma combinação de silício (Si), alumínio (Al), oxigénio (O), azoto (N) e cermets. O boronitreto cúbico é a segunda substância mais dura conhecida no mundo depois do diamante, que é um material cerâmico utilizado no fabrico de ferramentas de corte. O silicato de zircónio (ZrSiO4) é um material refratário utilizado no fabrico de velas de ignição e de esmaltes para controlar a textura e a fissuração do esmalte.

CAPÍTULO 2. FORMAÇÃO DA ARGILA

A argila é um produto da meteorização contínua da superfície da Terra. O estudo da argila começa com a formação do planeta Terra. A Terra foi criada há cerca de 5.000 milhões de anos, segundo a teoria científica. Inicialmente, era uma massa gasosa fundida, que se contraía lentamente. Enquanto a massa ainda estava fundida, os materiais mais pesados, como o ferro e o níquel, afundaram-se no centro da Terra. À medida que a Terra quente arrefecia gradualmente, uma camada de materiais sólidos formou a crosta. A crosta parece-nos muito segura, mas tem apenas cerca de 40 km de espessura, flutuando sobre uma camada de materiais fundidos com 3000 km de profundidade. As correntes lentas neste mar fundido fazem com que continentes inteiros se movam a velocidades que podem atingir 2 cm por ano. Quando os continentes se chocam uns contra os outros, ocorrem terramotos e vulcões. A África encontrava-se então tão a Sul que estava coberta por massas de gelo polar. A placa indiana deslocou-se para norte e, quando colidiu com o continente asiático, formaram-se as montanhas mais altas da Terra - os Himalaias. Desta forma, a crosta terrestre tem mudado continuamente desde a sua formação. Onde hoje vemos montanhas, podem ter existido oceanos extensos e as florestas tropicais podem ter sido cobertas por gelo ártico há milhões de anos. Intemperismo: A meteorização também provoca grandes alterações. As rochas sólidas são quebradas pela ação alternada do sol, da chuva e do gelo. As pequenas partículas de rocha resultantes são arrastadas pela água e até as montanhas se desgastam em poucos milhões de anos. A argila e muitas outras matérias-primas cerâmicas ou depósitos minerais são produzidos por este processo.

Minerais

O mineral é uma substância que tem uma composição química uniforme, sob a forma de um ou vários cristais. O quartzo e o feldspato são minerais, tal como o sal. Os cristais de sal (cloreto de sódio) têm uma forma cúbica que pode ser facilmente observada à lupa. Quando o sal é dissolvido num copo de água e deixado durante algum tempo, os cristais formam-se lentamente à medida que a água se evapora.

Rochas

A maioria das rochas é composta por vários minerais diferentes, embora algumas rochas, como o gesso, sejam constituídas apenas por um mineral. A rocha chamada granito contém os minerais quartzo, feldspato e mica, e os cristais individuais podem ser vistos claramente com uma lupa. As rochas podem ser classificadas em três grandes grupos: rochas ígneas, rochas sedimentares e rochas metamórficas.

Rochas ígneas:

Quando a jovem Terra começou a arrefecer lentamente, diferentes minerais formaram cristais na massa de rochas fundidas (magma fundido). Formou-se uma variedade de rochas cristalinas, de acordo com as diferentes condições do local onde se encontravam. Assim, a rocha ígnea chamada basalto foi criada a uma grande profundidade e contém pouco feldspato em comparação com o granito, que se formou perto da superfície. Se a rocha arrefeceu muito lentamente, os cristais tiveram tempo de crescer, enquanto o arrefecimento rápido produz cristais pequenos. Este processo continua a ocorrer atualmente, quando o movimento na crosta terrestre faz com que camadas profundas de materiais fundidos subam à superfície. Um vulcão em erupção liberta magma quente para a superfície, onde arrefece rapidamente. As rochas vulcânicas resultantes têm cristais de tamanho microscópico, uma vez que o arrefecimento rápido dá pouco tempo para os cristais crescerem.

Rochas sedimentares:

As rochas sedimentares são constituídas por materiais produzidos pelo desmoronamento de rochas antigas. Todas as rochas acabam por se desfazer ao longo do tempo, quando expostas às intempéries, e as partículas de rocha fragmentadas são levadas pela água. Estas partículas de argila e areia são transportadas para zonas mais baixas ou para o mar, onde se depositam umas sobre as outras. No espaço de milhões de anos, o peso crescente dos sedimentos faz com que as camadas mais profundas se compactem e se transformem gradualmente em rochas, chamadas rochas sedimentares. Muito mais tarde, o movimento das massas de terra por vezes vira toda a área de cabeça para baixo, de modo que o antigo fundo do mar, com as suas rochas sedimentares, se transforma numa nova cadeia de montanhas. A parte superior das novas montanhas é constituída por rochas sedimentares que assentam em rochas ígneas profundas. Após alguns milhões de anos, as rochas sedimentares superiores sofrem erosão por ação da meteorização e as rochas ígneas mais profundas ficam expostas. As rochas sedimentares, como o arenito e o xisto, podem muitas vezes ser reconhecidas pela sua estrutura em camadas. O calcário é uma rocha sedimentar criada pelos esqueletos que sobraram de biliões de pequenos animais que viveram nos mares antigos. O gesso é formado por sedimentação química, em áreas onde a água do mar se evaporou em grande escala. Isto produziu uma elevada concentração de gesso que formou cristais de uma forma semelhante à formação de cristais de sal num copo de água salgada.

Rochas metamórficas:

As rochas ígneas e sedimentares são, por vezes, transformadas em novas formas através de temperaturas e pressões elevadas. O mármore é um exemplo de uma rocha metamórfica que se forma a partir de uma rocha sedimentar chamada calcário.

Formação argilosa

A formação de argila a partir da rocha é um acontecimento muito comum, que ocorre diariamente em todo o mundo. Se pegarmos num pedaço de granito e o partirmos em dois, as faces frescas da pedra mostrarão uma superfície brilhante e os cristais dos diferentes minerais podem ser identificados. Os cristais de cor preta são mica. Os cristais de cor amarela, branca ou vermelha com um brilho nacarado são diferentes tipos de feldspato. Os cristais claros e incolores são quartzo. A superfície intemperizada do granito apresentará muito provavelmente uma superfície rugosa com muitos buracos, onde os cristais solúveis de feldspato foram arrastados pela chuva, enquanto os cristais menos solúveis de mica e quartzo permanecem. Este é o início do processo de transformação do feldspato em argila. A meteorização quebra as rochas graníticas e permite que a água lave as partes solúveis de soda, potássio ou cal do feldspato. Estas partes solúveis são arrastadas pela água e a soda acaba por se juntar ao sal dos oceanos. A maior parte da alumina e da sílica restantes do feldspato combina-se com a água e forma um novo mineral, a argila. Parte da sílica do feldspato não participa na formação da argila e forma outro mineral conhecido como quartzo.

Argila primária

As argilas que não se deslocaram do local da sua rocha-mãe são conhecidas como argilas primárias. O caulino (também chamado de argila da China) é uma argila primária. As argilas de caulino são puras, sem impurezas como o óxido de ferro e o calcário. Por conseguinte, têm um elevado ponto de fusão (cerca de 1780 C) e são cozidas numa cor branca. O caulino tem pouca plasticidade devido ao seu grande tamanho de partícula.

Argila secundária

As argilas que foram retiradas do seu local de origem e se instalaram noutro local são designadas por argilas secundárias. A argila de bola (argila plástica) é um exemplo de argila secundária.

Prospeção de argila

A argila para olaria pode ser encontrada na maioria dos países. Em áreas onde a olaria ou o fabrico de tijolos têm uma longa história, os depósitos de argila adequados já são bem conhecidos. No entanto, a introdução de novas técnicas, como a vitrificação ou a cozedura a alta temperatura, pode exigir novos tipos de argila. Em alguns países, a terra pode ainda ser virgem do ponto de vista do oleiro e, antes de se estabelecerem quaisquer instalações de produção, é necessário encontrar uma fonte fiável de boa argila para cerâmica.

Autoridades locais

Em primeiro lugar, devem ser recolhidas informações sobre a geologia e o solo da região junto das autoridades locais, como os serviços de cadastro mineiro, as instituições agrícolas, os institutos geológicos nacionais ou as empresas mineiras.

Pessoas práticas

Vale a pena falar com as pessoas que fazem poços de água e com os construtores de barragens e estradas. Eles devem ter informações em primeira mão sobre o solo da região. Os agricultores da zona saberão quais são as camadas superiores do solo nos seus campos. Por vezes, o barro é utilizado para outros fins, como a caiação de casas ou a medicina.

Margens do rio

Um bom barro de oleiro estará muitas vezes coberto por vários metros de sobrecarga. Em vez de escavar aleatoriamente buracos de ensaio através da sobrecarga, pode obter-se uma ideia geral dos solos mais profundos da área examinando os solos expostos nas margens dos rios, escarpas e áreas cortadas onde uma estrada ou um caminho de ferro foi feito através de uma colina. As pedreiras, os poços e as valas também devem ser examinados. As térmitas trazem o solo de baixo para cima, e o material dos montes de térmitas indica a qualidade do solo localizado a 1 -2 metros de profundidade.

Prospeção

Quando se parte para explorar o campo, é preciso ter em conta como a natureza criou a argila. Os depósitos recentes de argila plástica encontram-se mais provavelmente nas planícies e vales, ou ao longo dos rios. Encontram-se frequentemente perto da superfície. Os depósitos secundários mais antigos podem ser encontrados nas colinas onde a terra foi levantada e dobrada, milhões de anos depois de a argila ter sido depositada. Estes depósitos podem estar cobertos por uma camada espessa de outros materiais.

Mapeamento

Deve ser feito um mapa de toda a área da grelha, e no mapa os furos de sonda são marcados com um número, a espessura da camada de cobertura e a profundidade da camada de argila. Depois de o ensaio de todas as amostras ter identificado a melhor área, deve ser desenhado um plano mais pormenorizado (por exemplo, à escala 1:50) dessa área, mostrando a profundidade das várias camadas de solo superficial, argilas e possivelmente outros materiais.

Ensaios no terreno

No terreno, alguns testes simples podem determinar se vale a pena examinar a argila mais a fundo. Em primeiro lugar, recolha uma amostra de cerca de 30 cm no interior da superfície exposta e misture-a com água. Se se transformar numa massa plástica e pegajosa, trata-se de argila. Depois, amasse-a bem e forme uma corda com a espessura de um lápis. Se conseguir dobrar esta corda à volta de dois dedos sem ver grandes fissuras, a argila tem plasticidade. Se morder suavemente a argila plástica com os dentes da frente, terá uma ideia da finura do grão de areia que contém. De seguida, esfregue uma amostra de argila seca na palma da mão até que as partículas finas sejam removidas. O que resta é o teor de grão, que pode ser constituído por partículas de feldspato, quartzo ou mica.

Recolha de amostras

Se a argila, após os testes de campo, se revelar de interesse, devem ser recolhidas amostras para testes mais aprofundados. A qualidade da argila de diferentes locais do mesmo depósito será ligeiramente diferente, pelo que, para obter uma amostra representativa, é necessário escavar argila de 4 locais diferentes a poucos metros de distância. A argila não deve ser retirada da superfície exposta do depósito, mas sim de 30-50 cm no interior, uma vez que a argila à superfície pode estar contaminada com outros solos.

Escavação com sonda

Em áreas onde o levantamento inicial e os testes indicam depósitos de argila adequada, devem ser feitos furos numa grelha regular para determinar a dimensão do depósito. Inicialmente, os buracos devem ser escavados com uma distância de 50 m. e quando se descobre a argila de melhor qualidade, a distância pode ser reduzida para 15 m. Vale a pena assegurar que o depósito é suficientemente grande para fornecer a produção planeada durante muito tempo. Os buracos podem ser escavados com uma pá, mas se um buraco tiver mais de 2 m de profundidade, os lados do buraco devem ser suportados por tábuas.

Economia

Depois de determinar a qualidade da argila em bruto, a dimensão aproximada do depósito e a espessura da sobrecarga, resta tomar a decisão final de começar ou não a extração da argila. Alguns dos factores que controlam a economia da extração de argila incluem: a distância do depósito a uma estrada adequada e o custo do transporte para a oficina. Pode ser necessário construir um pequeno caminho desde o depósito até à estrada mais próxima. O custo da remoção do excesso de carga em comparação com a quantidade de argila por baixo. O custo do aluguer ou da compra de terrenos e o custo do aluguer e das licenças de exploração mineira, a qualidade da argila, se a argila crua contiver grandes quantidades de areia, pode ser necessário lavar a argila no local para reduzir o custo do transporte.

Técnica de preparação de corpos de argila

Apenas algumas argilas podem ser utilizadas na cerâmica tal como se encontram na natureza. Na maioria das vezes, é necessária a adição de outras argilas ou materiais como a areia, o calcário ou o feldspato para produzir uma mistura adequada a técnicas específicas de moldagem e cozedura. Uma mistura composta por diferentes argilas e materiais é designada por massa de argila. A massa de argila pode ser preparada por imersão de argila plástica e caulino em diferentes proporções. A mistura é embebida durante um mínimo de três dias para permitir que todas as partículas solúveis se dissolvam corretamente, seguindo-se a peneiração da argila com uma malha de 300 mesh. Durante o processo de peneiração, a remoção das impurezas de ferro é efectuada por separação magnética. A água é decantada da pasta de argila produzida, que é depois semi-seca e acondicionada em sacos de celofane para ser conservada e utilizada posteriormente para a construção manual ou para o lançamento. A cerâmica é feita moldando um corpo de argila em objectos com a forma pretendida e aquecendo-os a temperaturas num forno que remove toda a água da argila, o que induz reacções que conduzem a alterações permanentes, incluindo o aumento da sua resistência e endurecimento e a fixação da sua forma. Um corpo de barro pode ser decorado antes e depois da cozedura. Antes de alguns processos de moldagem, o barro deve ser preparado. A amassadura assegura um teor de humidade uniforme em todo o corpo. O ar preso no interior do corpo de argila tem de ser removido. Este processo é designado por desarejamento e pode ser efectuado por uma máquina chamada pug de vácuo ou manualmente por cunha. A cunha também pode ajudar a produzir um teor de humidade uniforme. Depois de um corpo de argila ter sido amassado e desarejado ou cravado, é moldado através de uma variedade de técnicas. Depois de moldada, é seca e cozida. Cada uma das diferentes argilas é composta por diferentes tipos e quantidades de minerais que determinam as características da cerâmica resultante. Pode haver variações regionais nas propriedades das matérias-primas utilizadas para a produção de cerâmica, o que pode levar a produtos com carácter único de uma localidade. É comum que argilas e outros materiais sejam misturados para produzir corpos de argila adequados a objectivos específicos. Um componente comum das massas de argila é o mineral caulinite. Outros compostos minerais presentes na argila actuam como fundentes que reduzem a temperatura de vitrificação das pastas.

Diferentes tipos de barro utilizados na cerâmica.

• A caulinite, por vezes designada por argila da China por ter sido utilizada pela primeira vez na China, é utilizada na porcelana. O caulino é uma argila primária e, por conseguinte, bastante grosseira, com pouca plasticidade. O ajustamento das propriedades da argila nativa pode ser feito através da adição de caulino para abrir a argila e reduzir as fissuras de secagem. O caulino abre a argila plástica, de modo a que esta seque mais facilmente. É uma argila refractária, que aumenta o ponto de fusão do corpo, e torna o corpo mais branco. O mineral de argila do caulino é a caulinite, que beneficia os corpos.

• A argila para bolas é uma argila sedimentar de grão fino, extremamente plástica, que pode conter alguma matéria orgânica. Pode ser adicionada uma pequena quantidade à porcelana para aumentar a plasticidade.

• A argila de fogo é uma argila com uma percentagem de fundentes ligeiramente inferior à do caulino, mas normalmente bastante plástica. É uma forma de argila altamente resistente que pode ser combinada com outras argilas para aumentar a temperatura de cozedura.

• A argila para grés é mais resistente ao calor do que a argila refractária, tem um grão mais fino e tem muitas características entre a argila refractária e a argila para bolas.

• A argila vermelha comum e a argila de xisto têm impurezas vegetais e óxido férrico que as tornam úteis para tijolos, mas são geralmente insatisfatórias para a cerâmica, exceto em condições especiais de um determinado depósito

• A bentonite é uma argila extremamente plástica que pode ser adicionada em pequenas quantidades à argila curta para aumentar a plasticidade.

Métodos de moldagem da cerâmica e dos produtos cerâmicos

• Construção manual. Este é o método de moldagem mais antigo, em que os objectos podem ser construídos à mão a partir de rolos de argila. As partes dos recipientes construídos à mão são frequentemente unidas com a ajuda de uma barbotina, uma suspensão aquosa de massa de argila e água.

• A roda de oleiro. Num processo designado por "cozedura", uma bola de barro é colocada no centro de uma mesa giratória, chamada cabeça da roda, que o oleiro faz rodar com um pau, com a força dos pés ou com um motor elétrico de velocidade variável. Durante o processo de cozedura, a roda roda gira enquanto a bola sólida de barro mole é pressionada, espremida e puxada suavemente para cima e para fora, dando-lhe uma forma oca. O primeiro passo de pressionar a bola de barro áspero para baixo e para dentro numa simetria rotacional perfeita chama-se centrar o barro, uma competência muito importante a dominar antes dos passos seguintes: abrir (fazer uma cavidade central na bola sólida do barro), pavimentar (fazer o fundo plano ou arredondado no interior do pote), lançar ou puxar (desenhar e moldar as paredes até obter uma espessura uniforme) e aparar ou virar (remover o excesso de barro para refinar a forma ou criar um pé).

• Prensagem de granulado: Esta é a operação de moldagem da cerâmica através da prensagem do barro em estado semi-seco e granulado num molde. A argila é prensada no molde por uma matriz porosa através da qual é bombeada água a alta pressão. A argila granulada é preparada por secagem por pulverização para produzir um material fino e de fluxo livre com um teor de humidade entre 5 e 6 por cento. A prensagem granulada, também conhecida como prensagem de pó, é amplamente utilizada no fabrico de azulejos de cerâmica e, cada vez mais, de placas.

• A moldagem por injeção é um processo de moldagem adaptado à indústria de louça de mesa; é adequado para a produção em massa de artigos com formas complexas. Uma vantagem significativa desta técnica é o facto de permitir a produção de uma chávena, incluindo a pega, num único processo, eliminando assim a operação de fixação da pega e produzindo uma ligação mais forte entre a chávena e a pega.

• O jiggering e o jolleying são operações efectuadas na roda de oleiro e que permitem reduzir o tempo necessário para dar uma forma normalizada aos produtos. O jiggering é a operação que consiste em pôr uma ferramenta moldada em contacto com o barro plástico de uma peça em construção, estando a peça em si colocada num molde de gesso rotativo na roda. A ferramenta Jigger molda uma face enquanto o molde molda a outra. O jiggering é utilizado apenas na produção de peças planas, como os pratos, mas uma operação semelhante, o jolleying, é utilizada na produção de peças ocas, como as chávenas. O jiggering e o jolleying são normalmente automatizados, o que permite que as operações sejam efectuadas por mão de obra semi-qualificada.

• A máquina com cabeça de rolo é utilizada para moldar louça num molde rotativo, tal como no jiggering e no jolleying, mas com uma ferramenta de moldagem rotativa que substitui o perfil fixo. Continua a ser o método remanescente para a produção de louça plana.

• Fundição sob pressão: Materiais poliméricos especialmente desenvolvidos permitem que um molde seja sujeito a pressões externas até 4,0 MPa - muito mais elevadas do que a fundição por deslizamento em moldes de gesso, em que as forças capilares correspondem a uma pressão de cerca de 0,1 - 0,2 MPa. A alta pressão leva a uma taxa de fundição muito mais rápida e, portanto, a ciclos de produção mais rápidos. Além disso, a aplicação de ar a alta pressão através dos moldes aquando da desmoldagem da peça fundida significa que um novo ciclo de fundição pode ser iniciado imediatamente no mesmo molde, ao passo que os moldes de gesso requerem longos períodos de secagem.

• Pressão de carneiro. É utilizada para moldar a louça, pressionando um bastão de argila preparada numa forma desejada entre duas placas de moldagem porosas. Após a prensagem, é soprado ar comprimido através das placas de moldagem porosas para libertar os artigos moldados.

• Moldagem por deslizamento; é utilizada para o fabrico de artigos que não podem ser moldados por outros métodos de moldagem. Uma barbotina, feita através da mistura de massa de argila com água, é vertida num molde de gesso altamente absorvente, deixando uma camada de massa de argila a cobrir as superfícies internas e a assumir a sua forma interna. O excesso de barbotina é vertido para fora do molde, que é então aberto e o objeto moldado é retirado. Muito utilizado na produção de artigos sanitários e outros artigos mais pequenos

CAPÍTULO 3. PROCESSOS E EQUIPAMENTOS

Para iniciar o processo, as matérias-primas são seleccionadas, adquiridas e pesadas utilizando diferentes balanças (ilustradas nas fig.3.1 e fig.3.2) e armazenadas nas instalações de fabrico. As matérias-primas utilizadas no fabrico de cerâmica vão desde materiais argilosos relativamente impuros extraídos de depósitos naturais até pós de pureza ultra elevada preparados por síntese química. As matérias-primas de ocorrência natural utilizadas no fabrico de cerâmica incluem areia de sílica, quartzo, talco, sílex, silicatos e aluminossilicatos (por exemplo, argila e feldspato). Exemplos de pós de pureza ultra-elevada são os pós de magnésia de elevada pureza (MgO), de alumina (Al_2O_3), de zircónio (ZrO_2) e de titanato de bário ($BaTiO_3$) utilizados em condensadores cerâmicos para eletrónica de estado sólido.

Fig.3.1: Balança de pesagem mecânica

As balanças mecânicas são dispositivos utilizados para medir o peso e podem ser calibradas para leitura em unidades de força, como o newton, ou em unidades de massa, como o quilograma. O calibrador deve estar no zero e a balança deve ser colocada num terreno plano para evitar erros devidos à paralaxe.

Fig.3.2: Balança de pesagem digital

Uma balança digital tem um ecrã LCD de fácil leitura que mostra o peso em gramas/quilogramas e pesa até à capacidade máxima de 30 quilogramas

Descrição do processo

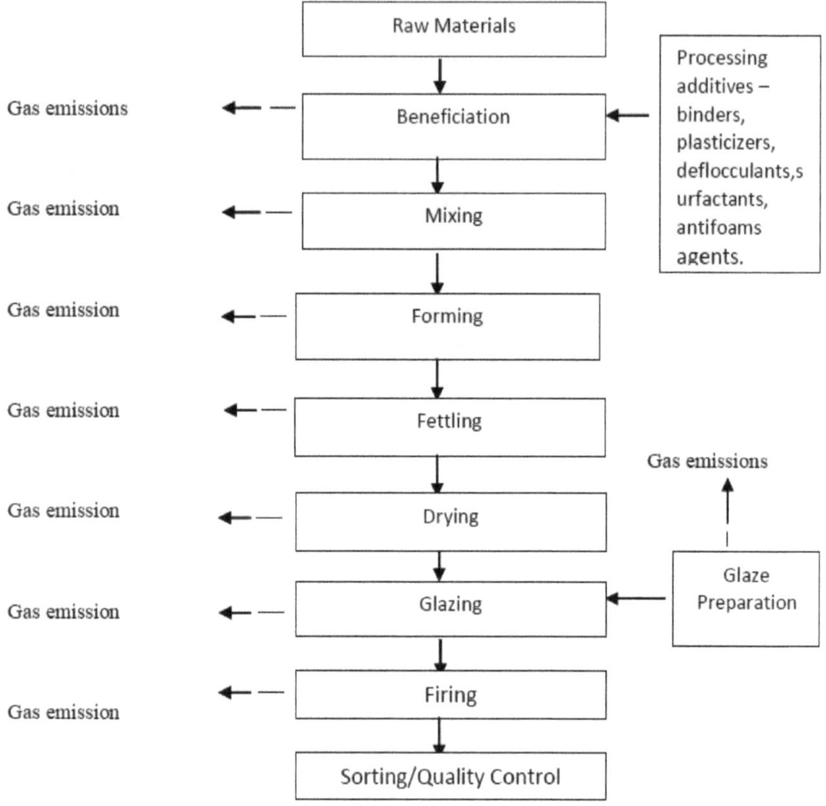

Figura.3.3: Diagrama de fluxo do processo de fabrico de produtos cerâmicos

Beneficiamento

A beneficiação é o processo que melhora o valor económico do minério ou das matérias-primas através da remoção dos minerais de ganga (impurezas), o que resulta num produto ou concentrado de maior qualidade e num fluxo de resíduos (rejeitados). Os processos de beneficiação exemplares são a separação por gravidade e a flotação de espuma. Embora os pós cerâmicos sintetizados quimicamente também exijam algum beneficiamento, o foco desta discussão é sobre os processos de beneficiamento de matérias-primas naturais. Os processos básicos de beneficiação incluem a cominuição, a purificação, o dimensionamento, a classificação, a calcinação, a dispersão líquida e a granulação. As matérias-primas naturais são frequentemente sujeitas a alguma beneficiação no local de extração ou numa instalação de processamento intermédia antes de serem transportadas para a instalação de fabrico de cerâmica.

- A cominuição consiste em reduzir o tamanho das partículas das matérias-primas por trituração, moagem/trituração ou trituração fina utilizando máquinas industriais de trituração e moagem. O objetivo da cominuição é libertar impurezas, quebrar agregados, modificar a morfologia e a distribuição do tamanho das partículas, facilitar a mistura e a formação e produzir um material mais reativo para a cozedura. A trituração primária reduz geralmente o material até 0,3 metros de diâmetro para 1,0 centímetros de diâmetro. A trituração secundária reduz o tamanho das partículas até aproximadamente 1,0 milímetro de diâmetro. A trituração fina ou moagem reduz o tamanho das partículas até 1,0 micrómetro de diâmetro. Os moinhos de bolas da fig. 3.5 são o equipamento mais utilizado para a moagem. No entanto, são também utilizados moinhos vibratórios, moinhos de atrito e moinhos de energia dos fluidos. Na moagem húmida, a água ou o álcool são normalmente utilizados como líquido de moagem.

Fig.3.5: Moinho de bolas

O moinho de bolas é um equipamento de moagem de minerais amplamente utilizado. É comumente usado na linha de produção de beneficiamento e é o principal equipamento de moagem de material após a trituração. É amplamente utilizado para moer minerais como cimento, cal, quartzo, minério de ferro, gesso, sílica, calcita e outros usados em mineração, cerâmica e outras indústrias. O moinho de bolas deve ser devidamente vedado antes da moagem para evitar salpicos.

- Purificação. São utilizados vários processos para purificar os materiais cerâmicos. As impurezas solúveis em água podem ser removidas por lavagem com desionizador ou água destilada e por filtração, podendo ser utilizados solventes inorgânicos para remover as impurezas insolúveis em água. A lixiviação ácida é por vezes utilizada para remover contaminantes metálicos. A separação magnética é utilizada para extrair as impurezas magnéticas do pó seco ou das pastas húmidas. A flotação de espuma é utilizada para separar materiais indesejáveis.

- A calibragem e a classificação separam o material em gamas de tamanhos. A calibragem é mais comummente efectuada através de crivos fixos ou vibratórios (fig. 3.6). O peneiramento a seco pode ser utilizado para tamanhos até 44um (0,0017in, 325 mesh). O peneiramento por ar forçado a seco e o peneiramento sónico podem ser utilizados para dimensionar pós secos até 37um (0,0015in, 400mesh), e o peneiramento húmido pode ser utilizado para partículas até 25um (0,00098in, 500mesh). Os classificadores de ar são geralmente eficazes na gama de 420um a 37um (0,017 a 0,0015in, 40 a 400 mesh). No entanto, estão disponíveis classificadores de ar especiais para isolar partículas até 10um (0,00039in).

Fig.3.6: Peneira vibratória eléctrica

A peneira vibratória elétrica é um equipamento de peneiração que peneira usando uma forte força vibratória. Esta máquina é amplamente utilizada nas indústrias farmacêutica, alimentar, química e cerâmica. É utilizada para peneirar materiais como grânulos, partículas, fatias, flocos e pó. Certifique-se de que o crivo não está rasgado ou com fugas.

• A calcinação consiste em aquecer um material cerâmico a uma temperatura muito abaixo do seu ponto de fusão para libertar gases indesejáveis ou outros materiais e provocar uma transformação estrutural para produzir a composição e o produto de fase desejados. A calcinação é normalmente efectuada em calcinadores rotativos, em leitos fluidizados aquecidos ou através do aquecimento de um leito estático de cerâmica num cadinho refratário.

• A dispersão líquida de pós cerâmicos é por vezes utilizada para produzir lamas. O processamento de pastas facilita a mistura e minimiza a aglomeração de partículas. A principal desvantagem do processamento de lamas é o facto de o líquido ter de ser removido antes da cozedura da cerâmica.

• O pó seco é frequentemente granulado para melhorar o fluxo, o manuseamento, a embalagem e a compactação. A granulação é realizada por mistura direta, que consiste na introdução de uma solução aglutinante durante a mistura do pó, ou por secagem por pulverização. Os secadores por pulverização são geralmente alimentados a gás e funcionam a uma temperatura de 110^0 C a 130^0 C (230^0 F a 266^0 F).

Mistura

O objetivo da mistura é combinar os constituintes de um pó cerâmico para produzir um material química e fisicamente mais homogéneo para a moldagem. Os êmbolos da fig.3.7 são frequentemente utilizados para a mistura homogénea de materiais cerâmicos. Durante a fase de mistura, podem ser adicionados vários auxiliares de processamento à mistura cerâmica. Os aglutinantes e plastificantes são utilizados na moldagem de pós secos e de plásticos. No processamento de lamas, são adicionados defloculantes, tensioactivos e agentes antiespuma para melhorar o processamento, sendo também adicionados líquidos no processamento de plásticos e de lamas.

Os aglutinantes, como o polivinilacetileno (PVA), são polímeros ou colóides que são utilizados para conferir resistência aos corpos cerâmicos verdes não cozidos. Para a enformação e extrusão a seco, os ligantes representam 3% em peso da mistura. Os plastificantes e lubrificantes são utilizados com alguns tipos de ligantes. Os plastificantes aumentam a flexibilidade da mistura cerâmica. Os lubrificantes diminuem as forças de fricção entre as partículas e reduzem o desgaste do equipamento. A água é o líquido mais comummente utilizado no processamento de plásticos e lamas. Em alguns casos, podem ser utilizados líquidos orgânicos, como o álcool. Os defloculantes também são utilizados no processamento de lamas para melhorar a dispersão e a estabilidade da dispersão. Os tensioactivos são utilizados no processamento de pastas para ajudar a dispersão e os antiespumantes são utilizados para remover bolhas de gás presas na pasta.

Fig.3.7: Desbastador ajustável

Trata-se de uma máquina normalmente utilizada em cerâmica para misturar homogeneamente argila e água. Um misturador consiste normalmente num tanque redondo ou octogonal com um misturador de cerca de 1000/2000 rotações por minuto (r.p.m.). Devem ser observadas todas as precauções de segurança aquando do funcionamento do misturador.

Fig.3.8: Tanque de armazenamento/Agitador

São tanques utilizados para armazenamento de barbotina e outros produtos cerâmicos e são dotados de agitadores para dispersão da matéria-prima e homogeneização da mistura. A sua instalação deve ser efectuada de acordo com as especificações.

Formação

Na enformação, os pós secos, os corpos plásticos, as pastas ou as lamas são consolidados e moldados para produzir um corpo coeso com a forma e o tamanho desejados. A enformação a seco consiste na compactação e moldagem simultâneas de pós cerâmicos secos, que pode ser efectuada por prensagem a seco, compactação isostática e compactação vibratória. A moldagem de plásticos é realizada por extrusão, jiggery ou moldagem por injeção de pó. A extrusão é utilizada no fabrico de produtos estruturais de argila e de alguns produtos refractários. A moldagem por jiggering é amplamente utilizada no fabrico de pequenas amostras de cerâmica branca axialmente simétrica, como utensílios de cozinha, porcelana fina e porcelana eléctrica. O molde de injeção de pó é utilizado para o fabrico de pequenas formas complexas. A moldagem

21

por injeção de pasta consiste na aplicação de uma película espessa de pasta cerâmica sobre um substrato. A pasta cerâmica é utilizada para decorar louça de mesa em cerâmica e para formar condensadores e camadas dieléctricas em substratos rígidos para microeletrónica. A enformação de cerâmicas em pasta é geralmente efectuada por vazamento por deslizamento, vazamento em gel ou vazamento em fita.

Fundição por deslizamento

A moldagem por deslizamento é uma técnica para a produção em massa de olaria e cerâmica, especialmente para formas que não são fáceis de fazer numa roda. Na fundição por deslizamento, um corpo de argila líquido (normalmente misturado num misturador) é vertido em moldes de gesso e deixa-se formar uma camada, o molde, nas paredes interiores dos moldes. No molde sólido, os objectos cerâmicos, como pegas e pratos, são rodeados de gesso por todos os lados, com um reservatório para a barbotina, e são removidos quando a peça sólida é mantida no interior. No caso de um molde oco, para objectos como vasos e chávenas, uma vez que o gesso tenha absorvido a maior parte do líquido da camada exterior de argila, o deslizamento restante é vertido para utilização posterior. Após um período de absorção adicional de água, a peça fundida é retirada do molde quando estiver dura como couro, ou seja, suficientemente firme para ser manuseada sem perder a sua forma. Em seguida, a peça é "ferrada" (aparada com precisão) e deixada a secar novamente, geralmente durante a noite ou durante várias horas. Obtém-se assim uma peça de louça verde que está pronta a ser decorada, vidrada e cozida no forno. Esta técnica é adequada para a produção de formas complexas, especialmente se tiverem decoração em relevo e paredes finas. Um aditivo com propriedades defloculantes, como o silicato de sódio, pode ser adicionado à barbotina para dispersar as partículas das matérias-primas. Isto permite a utilização de um teor de sólidos mais elevado ou permite a produção de uma barbotina fluida com um mínimo de água, de modo a minimizar a contração por secagem, o que é importante durante a moldagem por barbotina.

Fig.3.9: Fundição de lamelas do prato de evaporação

Fettling

Após a conformação, a forma cerâmica é frequentemente polida para eliminar superfícies rugosas e costuras ou para modificar a forma. Os métodos utilizados para o acabamento da cerâmica incluem a retificação de superfícies, o alisamento de superfícies, o corte e a perfuração para cortar a forma e criar orifícios ou cavidades, e a laminagem para cerâmicas multicamadas.

Fig.10: Produtos não fritados (almofariz, pilão, isolador elétrico, cadinho, prato de evaporação)

Fig.3.11: Produtos liquidados

Ferramentas para a montagem;

- Facas de fender
- Papel de lixa (áspero e liso)
- Balde ou recipiente de água
- Espuma de pó

Secagem

Após a moldagem, a cerâmica deve ser seca. A secagem tem de ser cuidadosamente controlada para se conseguir um equilíbrio entre minimizar o tempo de secagem e evitar a contração diferencial, o empeno e a distorção. O método mais utilizado para secar cerâmica é por convecção, em que o ar aquecido circula à volta da cerâmica. Os secadores eléctricos industriais da fig.3.12 são utilizados para esta operação específica. No entanto, a secagem ao ar é frequentemente efectuada em fornos de túnel, que normalmente utilizam o calor recuperado da zona de arrefecimento do forno. São também utilizados fornos periódicos ou secadores que funcionam em modo descontínuo. A secagem por convecção também é realizada em secadores de túnel divididos, que incluem secções separadas com controlos independentes de temperatura e humidade. Uma alternativa à secagem ao ar é a secagem por radiação, na qual se utilizam micro-ondas ou radiação infravermelha para melhorar a secagem. O defeito mais associado à secagem é a fissuração, que pode ser causada por uma elevada taxa de secagem da mercadoria, o que pode ser remediado por uma secagem gradual e lenta para evitar fissuras devidas ao choque térmico.

Fig.3.12: Secador industrial elétrico

Utiliza-se para secar a cerâmica verde, a fim de remover a água evaporável a 105^0 C. Este processo de secagem melhora a fixação e torna os objectos adequados para serem vidrados. Os secadores devem ser devidamente selados durante o processo de secagem para uma secagem eficiente.

Vidros

No caso da cerâmica tradicional, os revestimentos de esmalte são frequentemente aplicados em cerâmica seca ou cozida em biscoito antes da sinterização. O vidrado é constituído principalmente por óxidos e pode ser classificado como vidrado bruto ou vidrado frisado. Nos vidrados em bruto, os óxidos apresentam-se sob a forma de minerais ou compostos que se fundem facilmente e actuam como solventes para os outros ingredientes. Algumas das matérias-primas normalmente utilizadas para os vidrados são o quartzo, o feldspato, os carbonatos, os boratos e o zircão. Uma frita é um vidro pré-reagido. Para preparar os vidrados, as matérias-primas são moídas num moinho de atrito (fig.3.13). Os vidrados são geralmente aplicados por pulverização utilizando uma pistola de pulverização (fig.3.14) ou por imersão. Dependendo dos constituintes, os vidrados amadurecem a uma temperatura entre 600^0 C e 1500^0 C (1110 a 2730)^0 F no forno de cozedura.

Fig.3.13: Moinho de rolos

É utilizado para triturar e misturar, a seco e a húmido, pós, pigmentos, tintas, minerais e outros materiais duros utilizados em instalações-piloto ou laboratórios, sobretudo para triturar esmaltes. O recipiente deve ser bem fechado antes de ser colocado nos rolos para evitar fugas. Deve evitar-se o uso de roupa larga à volta do moinho de rolos.

Fig.3.14: Pistola de pulverização

A pistola de pulverização é utilizada para a pintura por pulverização, que é uma técnica de pintura em que um dispositivo pulveriza uma tinta de revestimento, tinta, esmalte, através do ar sobre uma superfície. Os tipos mais comuns utilizam gás comprimido, normalmente ar, para atomizar e direcionar as partículas de tinta. O uso de máscara nasal, óculos de proteção e o cumprimento de outras precauções de segurança são muito importantes quando se opera a pistola de pintura.

Disparo

A cozedura é um processo pelo qual a cerâmica é consolidada termicamente num corpo denso e coeso composto por grãos finos e uniformes. A cozedura é efectuada utilizando um forno de cozedura, quer seja um forno local a lenha ou a gás, quer seja um forno elétrico (fig. 3.15). O processo também é designado por sinterização ou densificação. Em geral, as cerâmicas com partículas finas queimam rapidamente e requerem uma temperatura de queima mais baixa, as cerâmicas densas não queimadas queimam rapidamente e permanecem densas após a queima com menor contração, as cerâmicas com formas irregulares queimam rapidamente. Outras propriedades do material que afectam a cozedura incluem a superfície do material, os coeficientes de difusão, a viscosidade do fluido e a resistência da ligação.

Alterações que ocorrem no corpo da argila durante a cozedura

- **Entre (110^0 C - 150^0 C)**

Eliminação da água higroscópica ou da água física

- **Entre (300 C-450^{00} C)**

' A combustão de substâncias orgânicas, sulfuretos e sulfatos nas argilas tem lugar

- **Entre (450 C-650^{00} C)**

Remoção de água estrutural ou água quimicamente combinada, os materiais argilosos são decompostos com a libertação de água sob a forma de vapores.

- **A cerca de 573^0 C:**

Ocorre a inversão do quartzo (transformação alotrópica do quartzo)

Do quartzo alfa a 573^0 C ao quartzo beta

- **Entre (700^0 C - 900^0 C)**

Os carbonatos decompõem-se (principalmente os de cálcio e a dolomite), libertando CO_2 .

- **Acima de 700 C^0**

Os silicatos e a alumina reagem quimicamente, dando origem à formação de sílica-alumina, que confere as características de dureza, estabilidade e resistência a várias resistências físicas e químicas.

- **Entre (960^0 C - 1000^0 C)**

A massa cerâmica é porosa devido ao espaço vazio deixado pela eliminação da água, pela combustão de substâncias orgânicas, pela decomposição de sulfuretos e carbonatos.

• **Acima de 1050⁰ C:** E a temperaturas diferentes consoante a composição do corpo, os complexos sílica-alumina começam a amolecer e a fundir-se formando um tipo de vidro que inclui as partículas menos fundíveis que conferem ao corpo cerâmico uma dureza, compacidade e impermeabilidade particulares. Esta fase é conhecida como "fase de vitrificação ou de sinterização". A transformação que ocorre durante a cozedura da cerâmica pode ser acompanhada pela emissão ou absorção de calor, sendo uma reação exotérmica ou endotérmica.

Fig.3.15: Forno elétrico

Defeitos de disparo

• Sobreaquecimento

• Deformação

• Explosão

Causas

• Colocar a cerâmica demasiado perto de um elemento pode fazer com que uma secção da cerâmica amadureça prematuramente.

• Um apoio inadequado nas zonas de tensão pode provocar deformações.

• A explosão ocorre durante as fases iniciais da queima e é frequentemente causada pela remoção demasiado rápida da água.

Remédios

• Manter a cerâmica a cerca de 2,5 cm de distância das paredes laterais do forno, da base do forno e do termopar, se este estiver instalado, para assegurar uma ventilação adequada.

• As peças planas de grandes dimensões devem ser apoiadas em estacas ou postes. A porcelana deve ser suportada com escoras ou areia de sílica.

• O aquecimento lento do forno, especialmente nas primeiras fases de cozedura, pode evitar esta situação.

O forno elétrico é utilizado para queimar produtos cerâmicos, tornando-os duradouros, ou seja, cerâmicos. A cozedura transforma o trabalho cerâmico de argila fraca numa forma forte, durável e cristalina, semelhante ao vidro. O forno deve ser devidamente selado antes da cozedura e deve ser aberto, no mínimo, 24 horas após a conclusão do processo de cozedura para evitar choques térmicos e outros efeitos perigosos.

Medidas de segurança a observar durante o disparo

• O forno deve ser mantido fechado durante, pelo menos, vinte e quatro horas após a cozedura, para evitar a fissuração dos produtos devido à dilatação térmica e para evitar queimaduras na pele.

• Devem ser usados óculos de proteção durante a cozedura e o controlo do forno.

• As botas de segurança devem ser usadas constantemente

• Devem ser usadas luvas de mão.

• O uso de revestimentos de proteção deve ser obrigatório.

Triagem/controlo de qualidade

Os produtos cozidos são seleccionados e os bons produtos são separados dos que apresentam defeitos. O controlo de qualidade no que diz respeito à composição do material cerâmico é um desafio para os fabricantes, pelo que é necessário preparar materiais cerâmicos de forma rápida e reprodutível, a fim de realizar controlos de qualidade representativos e fiáveis. Fazer chegar os produtos aos mercados, de forma rápida e económica, e garantir que estão certos à primeira, que cumprem as normas legais e de segurança e que se destacam da concorrência em termos de qualidade e desempenho, é cada vez mais importante num mercado em que a confiança dos clientes é uma força motriz. Durante o processo de controlo da qualidade, devem ser identificados os defeitos resultantes dos processos de fabrico da cerâmica, tais como a queima excessiva, a fissuração, o inchaço, o arrepio, o rastejamento e a explosão, etc., e esses produtos devem ser isolados para manter a qualidade.

Fig. 3.16: Produtos acabados vidrados

Fig.3.17: Produtos acabados não vidrados

CAPÍTULO 4. FABRICO DE MOLDES

A fundição em molde de gesso é um processo de fabrico com uma técnica semelhante à da fundição em areia. Em vez de areia, é utilizado gesso de Paris (p.o.p.) para formar o molde para a fundição. Na indústria, peças como válvulas, ferramentas, engrenagens e componentes de fechaduras podem ser fabricadas por fundição em molde de gesso. Durante milhares de anos, os oleiros utilizaram o molde tanto para moldar como para decorar e, muitas vezes, ambos são realizados ao mesmo tempo. Quer opte por experimentar moldes de prensagem para peças de fundição por deslizamento, descobrirá que o fabrico de moldes de cerâmica proporciona uma forma de criar peças uniformes que podem poupar o seu tempo e proporcionar-lhe os meios para se concentrar nas decorações de superfície. Todas as medidas do perfil têm de permitir 10% de um elemento de contração durante a produção. A partir do perfil, será feito um modelo da forma atual. As vantagens do molde são as seguintes Elevada precisão dos produtos sem quaisquer defeitos de fabrico, Redução do custo de produção, Aumento da taxa de produção, Limpeza das peças de trabalho e normalização do duplicado.

Materiais para modelação e mistura de gesso

- Objeto original (protótipo ou modelo)
- Argila plástica
- Contraplacado
- Espátula
- Braçadeiras
- Prumo
- Vaselina com sabão ou qualquer tipo de desmoldante
- Balde de plástico
- Luvas de segurança
- Vareta ou espátula para mexer
- Água (à temperatura ambiente) Papel para manter a área limpa.

Fabrico de moldes de gesso numa só peça

Apresentam-se aqui três técnicas para fazer um molde de gesso para reproduzir um modelo. Utiliza-se sabão para moldes ou qualquer outro tipo de desmoldante para evitar que o gesso adira ao recipiente ou ao modelo.

- Colocar o modelo no fundo do recipiente e selar cuidadosamente os bordos à volta do modelo com plasticina para que o gesso não possa escorrer por baixo do modelo.

Deite a mistura líquida de gesso sobre o modelo de modo a obter, pelo menos, a espessura de uma camada de gesso em toda a volta do modelo. Quando o gesso estiver endurecido, retirá-lo do recipiente e remover o modelo.

• Deite o gesso líquido misturado num recipiente e observe cuidadosamente enquanto este assenta. No momento em que o gesso começa a ficar firme, pressionar o modelo na superfície e mantê-lo aí durante algum tempo, enquanto a mistura endurece. Quando o molde estiver firme, retire o modelo com cuidado para não perturbar os pormenores que ficarão.

• Antes de preparar o gesso, construir uma caixa de moldes. A caixa de moldes é criada fazendo uma caixa composta por quatro lados que são mantidos juntos com um cordão externo numa base de fundo plano. As juntas dos lados e do fundo da caixa de moldes são seladas com argila plástica comum. Colocar o modelo de cabeça para baixo sobre a base da caixa, selar os bordos com argila e cobrir bem o exterior com sabão. O sabão de moldes ou qualquer um dos agentes desmoldantes pode ser utilizado para evitar que o gesso adira ao modelo da caixa. Prepara o gesso e deita-o cuidadosamente sobre o modelo até encher a caixa de moldes. Os moldes devem ser bem secos antes de serem utilizados.

Fig.4.1: Molde de gesso de uma parte

Fabrico de moldes de gesso de duas partes

A premissa deste trabalho é criar um molde de duas peças a partir da peça original. As peças finais do molde são depois fixadas umas às outras para permitir a fundição de um objeto final. O molde pode ser reutilizado vezes sem conta para criar vários objectos finais. Esta técnica é adequada para a aprendizagem dos processos de fabrico de moldes e de fundição, e os mesmos princípios podem ser utilizados para criar moldes de várias peças a partir de objectos originais mais complexos.

Fig.4.2: Molde de duas partes

Técnicas de fabrico de moldes de gesso de duas partes

Etapa 1: Fazer um protótipo para a produção de moldes; para os principiantes na produção de moldes, escolha um objeto com poucos detalhes ou um objeto menos complexo. Quando já tiver trabalhado com o processo de fabrico de moldes e se sentir confortável, pode então passar a projectos mais complexos. Geralmente, um protótipo é feito de madeira ou barro, a partir do qual se faz um molde de gesso. O protótipo feito de madeira tem vantagens em relação ao feito de barro.

Vantagens do protótipo em madeira

• A madeira tem maior durabilidade do que a argila em caso de acidente durante o processo de fabrico do molde.

• Fazer protótipos em madeira é ótimo para obter linhas e arestas nítidas e de transição na fig.4.3.

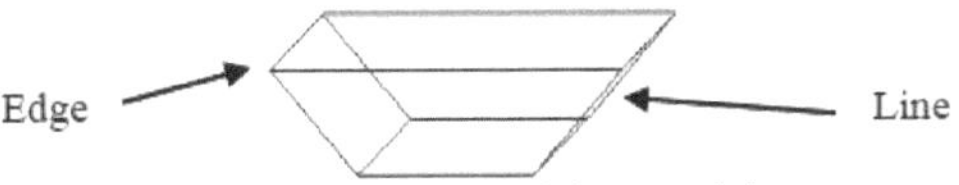

Fig.4.3: Protótipo ou modelo em madeira

Passo 2: Preparar o objeto para fazer um lado do molde

Seleccione um recipiente para verter o seu molde. O recipiente deve deixar cerca de 2 polegadas de espaço à volta de todos os lados do objeto original. Encha o recipiente com argila até uma profundidade que lhe permita mergulhar o seu original até meio do modelo, na Fig. 4.4.

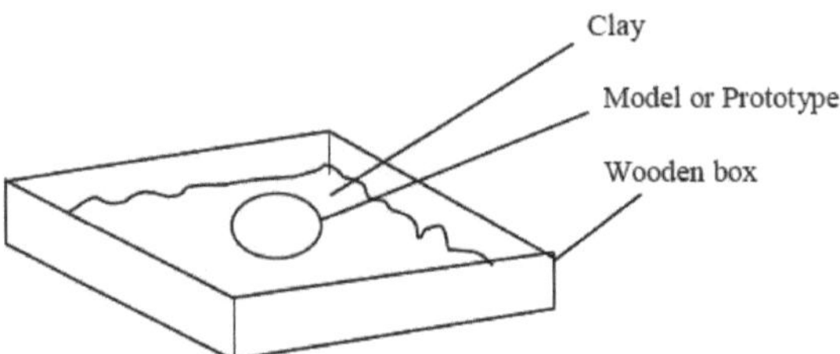

Fig.4.4: As partes inferiores do molde

Com cerca de 2,5 cm de barro por baixo do objeto, alise a superfície do barro até obter um acabamento plano e uniforme. Se precisar de fazer uma pausa, cubra o recipiente com um saco de plástico para que o barro não seque (se cobrir suavemente o barro com uma toalha de papel húmida antes de o embrulhar em plástico).

Etapa 3: Furos de registo:

É importante criar um mapa para poder encaixar as duas metades do molde acabado. Para isso, é necessário fazer orifícios de registo. Para o efeito, devem ser feitos orifícios de registo. Para tal, devem ser feitos entalhes circulares de meia polegada em cada canto da superfície, como na Fig. 4.5.

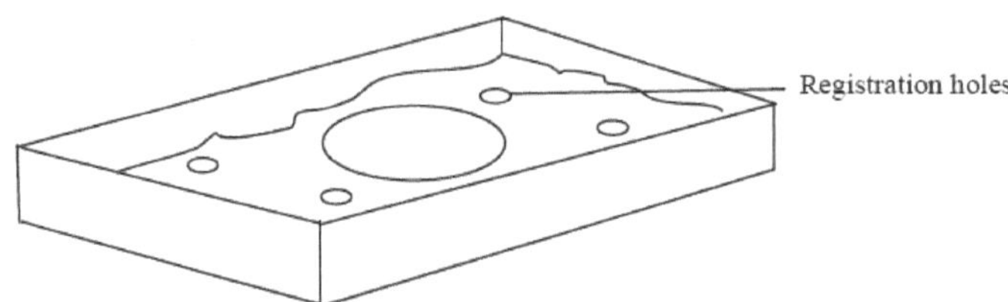

Fig.4.6: Indicação dos orifícios de registo

Pode utilizar a ponta de um dedo para o fazer. A indentação permitirá que o gesso flua para dentro dela, criando uma saliência em cada canto da primeira metade do molde. Quando despejar a segunda metade do molde, ficará com um buraco invertido que corresponde a cada saliência.

Etapa 4: Crie um bico de despejo:

Deve também criar um "bico" que lhe permita verter gesso ou outro material de fundição adequado para o seu molde final, a fim de produzir o seu objeto final. O bico deve ser colocado na parte inferior do objeto, para que não seja visível nas peças finais. O bico deve ser suficientemente largo para permitir que se possa verter facilmente. A maneira mais fácil de criar um bico é colocar um pedaço de argila enrolada entre o objeto e a parede do recipiente, como mostra a Fig.4.7.

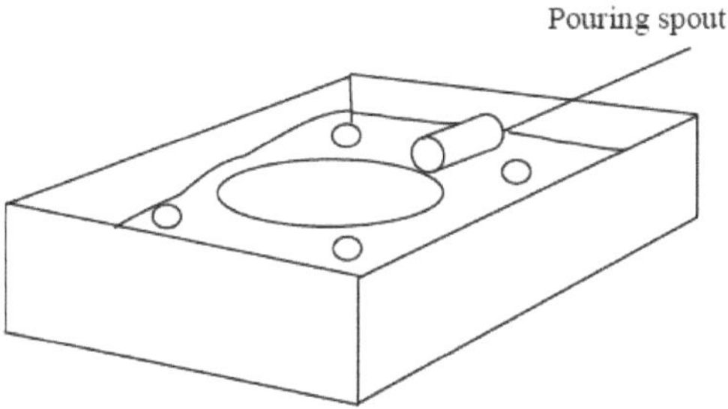

Fig.4.7: Construção de um bico de vazamento

Passo 5: Aplicar um agente de libertação

A etapa seguinte do processo consiste em aplicar um agente desmoldante no objeto e
na caixa de madeira. Isto é importante porque lhe permitirá libertar o modelo do molde
de gesso. Se se esquecer de o fazer, o modelo e o molde ficarão estragados. Um agente
de libertação económico típico é a vaselina. Também pode utilizar um agente de
libertação comercial especificamente concebido para o efeito, geralmente disponível
em líquido ou em spray. Espalhe o agente de libertação generosamente pela superfície
da peça original e pelos lados da caixa de madeira. Não é necessário revestir a argila,
pois esta não adere ao gesso.

Etapa 6: Verificar se a preparação foi adequada

O gesso está agora pronto para ser misturado para a primeira metade do molde. Quando
o gesso estiver misturado, deve estar pronto para ser vertido imediatamente. É útil
tentar visualizar o inverso do seu objeto na base de barro. Se surgir algum problema, é
melhor corrigi-lo antes de continuar. Quando nos sentirmos mais à vontade com o
fabrico de moldes, as áreas problemáticas serão facilmente identificadas.

Etapa 7: Misturar e deitar o gesso:

A preparação começa com um balde limpo; o balde deve ser suficientemente fundo
para criar espaço para misturar gesso suficiente para encher o molde até pelo menos
uma polegada de profundidade acima do original. Encha o balde de modo a que o nível
da água seja suficientemente alto para que se aproxime de dois terços da quantidade de
gesso que será necessária.

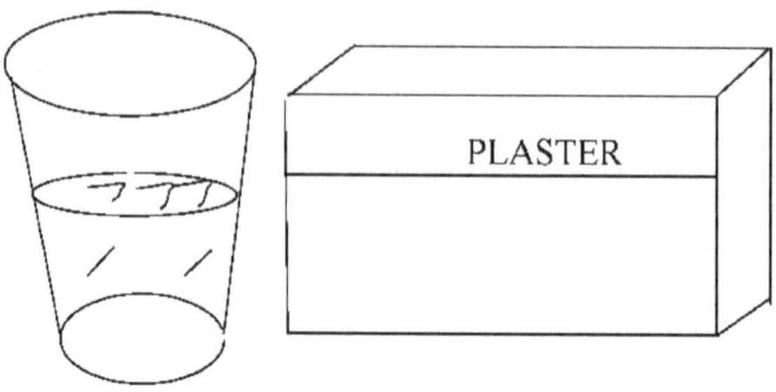

Fig.4.8: Plaster and Bucket of water

Certifique-se de que há espaço suficiente no balde para acomodar a quantidade total de mistura de gesso. A água deve estar à temperatura ambiente; se estiver demasiado fria ou demasiado quente, impedirá o processo de cura e enfraquecerá a resistência do molde final. Também vai precisar de um pequeno recipiente para transferir o gesso seco da sua embalagem para o balde.

Mistura; existem vários métodos e guias para misturar o gesso, por exemplo, o "Método da Ilha" é uma das formas mais fáceis de misturar produtos à base de gesso. Também se pode utilizar a tabela de mistura de água para gesso na tabela 4.1.

Tabela 4.1 Tabela de mistura de água para gesso

S/n	Água (litros)	Gesso (Kg)
1	1	1.3
2	1 ½	2
3	2	2.6
4	2 ½	3.2
5	3	3.9
6	3 ½	4.5
7	4	5.2
8	6	7.8
9	8	10.3
10	10	13
11	12	15.5

O quadro 4.1 baseia-se em 73 partes de água para 100 partes de gesso recomendadas para a maioria das aplicações em estúdio. O excesso de água produz um molde mais poroso mas mais quebradiço, e a falta de água significa um molde muito denso e duro que não absorve água. Para o método da ilha, verter suavemente o gesso no centro do balde de água, como mostra a Figura 4.9 abaixo.

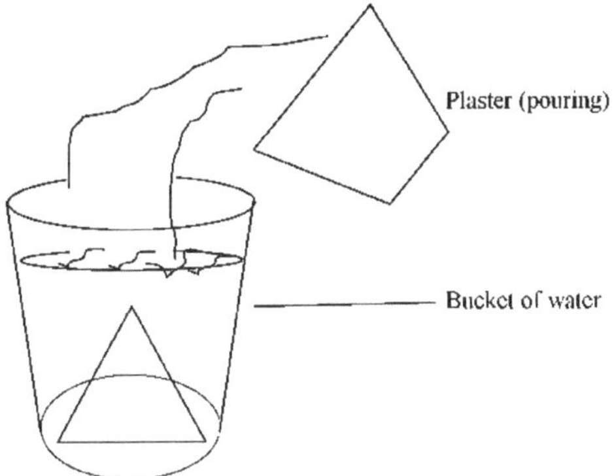

Fig.4.9: Island method of mixing plaster

Deixe o gesso assentar por si próprio. Continue a peneirar até o gesso formar uma ilha com o tamanho de uma moeda acima da superfície da água. Verificará que, à medida que a ilha se começa a formar, os bordos se dispersam lentamente na água. Quando a ilha se mantiver acima da superfície sem se dispersar, então foi atingida a quantidade correcta de gesso para a água. Nesta altura, dê uma boa pancada no balde sobre a mesa para libertar quaisquer bolhas de ar presas. Deixe o gesso repousar durante dois a cinco minutos. Se estiver a misturar uma grande quantidade de gesso, deixe-o repousar durante mais tempo. O tempo de repouso permitirá que a água absorva as moléculas de gesso, e este é um passo importante para melhorar a resistência final do produto. Depois de repousar, dê outra pancada no balde para libertar mais ar. Agora pode começar a misturar, usando luvas de mão ou um instrumento de mistura (para misturar grandes lotes, estão disponíveis acessórios para berbequins de mão). Desfaça os pedaços de gesso e não misture vigorosamente, pois isso criará bolhas de ar. Misturar até obter a consistência de um creme espesso, mas ainda suficientemente fino para que se possa deitar uniformemente no molde. A mistura demorará vários minutos. Tenha em atenção que, quando o gesso começar a endurecer, tornar-se-á difícil de verter. Tenha isto em mente se estiver a verter moldes de tamanho maior, pois pode querer começar a verter quando o gesso estiver mais fluido.

Verter: quando o gesso tiver a consistência de um creme espesso, está pronto a ser vertido no molde. Deitar o gesso num canto, de modo a que ele encontre o seu próprio caminho à volta do objeto, como se mostra na fig.4.10

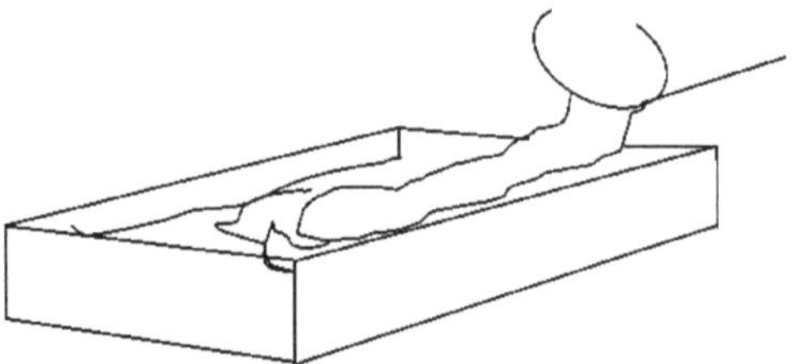

Fig.4.10: Método de vazamento

Verta até que o gesso tenha uma espessura de pelo menos 2,5 cm acima do objeto. Depois de vertido, bata na superfície da mesa para deslocar as bolhas de ar. De seguida, deixe o gesso assentar. O tempo de endurecimento dependerá do tamanho do seu molde. Espere pelo menos uma hora nos moldes mais pequenos e mais de uma hora nos moldes maiores. A superfície do gesso aquece e volta a arrefecer. Trata-se de um fenómeno natural que faz parte do processo de cura. Assim que o gesso estiver firme e frio ao toque, está devidamente curado e está pronto para libertar o original. Se houver excesso de água na superfície do gesso durante o processo de cura, é provável que o gesso tenha sido misturado incorretamente, embora o gesso ainda possa endurecer, mas pode não ser tão forte como deveria ser.

Etapa 8: Preparar a segunda parte do molde

Depois de o molde de gesso ter endurecido, vire o recipiente e retire cuidadosamente o barro, deixando o barro do bico de vazamento no lugar. Se tiver utilizado um recipiente com fundo, corte o fundo para expor o barro e depois retire-o (guarde o barro num recipiente de plástico, pois pode reutilizá-lo em projectos futuros). Poderá agora ver o original embutido no gesso; notará também os quatro nódulos de registo de gesso mostrados na Fig.4.11

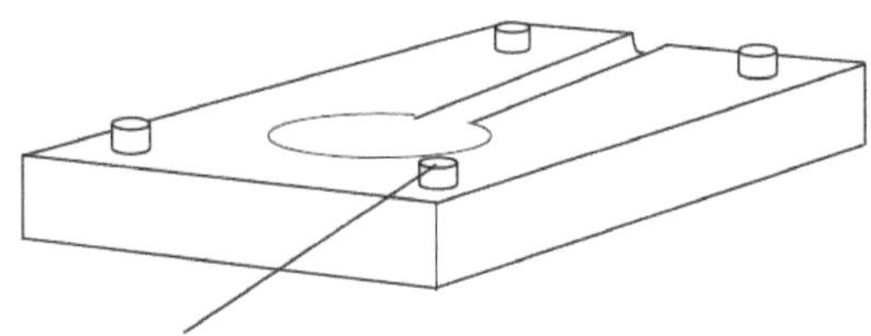

Fig.4.11: Primeira parte do molde acabada

Não é má ideia tirar algum tempo para libertar o original do molde nesta altura. Para o fazer, balance suavemente o original para o soltar da cavidade do molde. Trabalhe lentamente, raspando suavemente em torno das bordas do objeto para ajudar a quebrar a ligação entre o objeto e o molde. Utilize ferramentas de madeira, uma vez que são macias e não danificam facilmente os moldes. Quando o objeto começa a ceder, normalmente sai muito rapidamente, por isso esteja preparado para isso, pois pode puxar com demasiada força e danificar o molde. Seja delicado mas firme, o objeto deve soltar-se desde que não haja cortes e o agente de libertação tenha sido aplicado corretamente. Se danificar o molde, pode normalmente fixá-lo com argila ou gesso. Preparar a segunda parte do molde; voltar a colocar o original no molde, continuar a preparar o molde aplicando um agente de libertação nas paredes do recipiente, no molde de gesso e no objeto original - seguindo os passos 5 e 6

Etapa 9: Misturar e verter a segunda parte do molde, repetindo os procedimentos utilizados na "etapa 7".

Passo 10: Libertar o original

Assim que a segunda metade do seu molde estiver completamente endurecida, está pronto para libertar o original. Comece por libertar todo o molde do seu recipiente ou caixa e, em seguida, insira suavemente uma faca ou uma ferramenta de madeira entre as duas partes do molde para separar as peças. Mais uma vez, trabalhe lentamente quando as duas metades estiverem separadas, pois o original ainda estará preso numa das metades. Retire-o utilizando o método descrito no PASSO 8

Etapa 11: Limpeza do molde

Limpe bem as duas metades do molde, utilizando água fria e uma escova macia. Utilize a escova para retirar o excesso de argila, mas tenha cuidado para não danificar os pormenores da superfície. Em seguida, aplique uma solução de detergente verde especialmente concebida para o efeito. Isto ajudará a selar o molde e permitir-lhe-á soltar-se mais facilmente de cada molde. Seque o molde com uma palmadinha e ponha-o de lado para secar completamente (deixe a solução de sabão secar no molde, removendo os depósitos excessivos antes de o fundir). Quando o molde estiver seco, pode retocar qualquer imperfeição com enchimento de gesso ou argila. Quanto melhor o molde for limpo e preparado, mais fácil será obter custos finais consistentes. Demore o tempo suficiente a limpar para garantir o sucesso da fundição. A segunda parte do molde é mostrada abaixo.

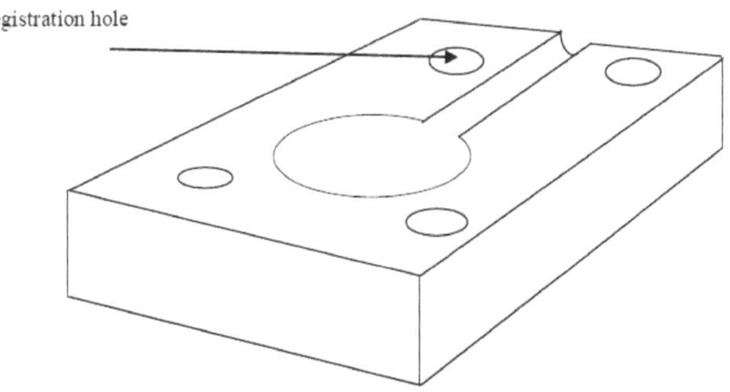

Defeitos de molde

* A sobrefundição afecta a sucção capilar, tornando o molde impermeável à água.

* Demasiada humidade no molde pode levar a quebras e a um encolhimento excessivo da secagem.

* Moldes desidratados. São moldes que não têm água suficiente durante a mistura do gesso. Não têm a resistência adequada.

Correção de defeitos

* A mistura de água e gesso não deve ser demasiado agitada durante a mistura.

* A utilização de uma proporção adequada de mistura de gesso e água deve ser respeitada aquando da mistura do gesso.

Medidas de segurança a observar durante o fabrico do molde

* Devem ser usadas luvas de segurança. Minimizar o manuseamento de materiais com as mãos desprotegidas; pode causar queimaduras graves, uma vez que a reação química é exotérmica.

* É importante usar óculos de proteção enquanto se mistura o gesso.

* Lavar as mãos se uma parte da mistura entrar em contacto com a pele. O aumento da temperatura da mistura deve-se às alterações físicas e químicas que o gesso sofre quando interage com a água e começa a endurecer.

* Devem ser usadas botas de segurança.

* É obrigatório o uso de avental (bata de laboratório).

* Todas as ferramentas devem ser limpas e mantidas após cada produção.

* Os ferimentos devem ser comunicados o mais rapidamente possível.

CAPÍTULO 5. ESMALTES

O vidrado é uma camada impermeável ou um revestimento de uma substância vítrea que foi fundida a um corpo cerâmico através da cozedura. O vidrado pode servir para colorir, decorar ou impermeabilizar uma peça de cerâmica. O vidrado torna os produtos cerâmicos adequados para conter líquidos, selando a porosidade inerente e, para além da sua funcionalidade, os vidrados podem formar uma variedade de acabamentos de superfície, incluindo o grau de acabamento brilhante ou mate e a cor. Os vidrados podem também realçar o desenho ou a textura subjacentes, quer não modificados quer inscritos, esculpidos ou pintados. Os vidrados têm de incluir um fundente cerâmico que funciona promovendo a liquefação parcial dos corpos argilosos e dos outros materiais. Os fundentes reduzem o elevado ponto de fusão do formador de vidro, a sílica, e por vezes o borontóxido. Estes formadores de vidro podem ser incluídos nos materiais do esmalte ou podem ser extraídos da argila subjacente. As matérias-primas dos vidrados cerâmicos incluem geralmente sílica, que será o principal formador de vidro. Vários óxidos metálicos, como o sódio, o potássio e o cálcio, actuam como fundentes para baixar a temperatura de fusão. A alumina, frequentemente derivada da argila, endurece o esmalte fundido para evitar que escorra da peça. Os corantes, como o óxido de ferro, o carbonato de cobre ou o carbonato de cobalto e, por vezes, os opacificantes, como o óxido de estanho ou o óxido de zircónio, são utilizados para modificar o aspeto visual do vidrado cozido.

Existem três elementos principais necessários para a formação do vidrado;

- Sílica, o formador de vidro

- Um fundente, como o feldspato, que baixa o ponto de fusão da sílica

- A alumina, um elemento refratário que confere maior resistência e dureza ao esmalte, permite uma temperatura de cura mais elevada e aumenta a viscosidade.

O principal objetivo do esmalte é proporcionar uma superfície dura, não absorvente e de fácil limpeza. Ao mesmo tempo, os esmaltes proporcionam revestimentos esteticamente atractivos e uma variedade de cores e texturas de superfície.

Algumas das matérias-primas para a produção de esmaltes são:

Argila plástica

As argilas plásticas abundam em todo o país e melhoram a plasticidade e as propriedades de trabalho dos corpos de argila e aumentam a resistência mecânica das barbotinas. Nos vidrados, são utilizadas para introduzir alumina e, em menor escala, sílica. Também servem como fundente, aglutinante e como meio para manter os componentes do vidrado em suspensão. As argilas plásticas são exemplos de depósitos sedimentares que, ao longo dos anos, foram removidos do seu local de formação por forças naturais e depositados noutro local.

Caulino

São argilas refractárias que ardem em branco. Nos vidrados, são utilizadas para introduzir alumina e, em menor grau, sílica e actuam como suspensores. O caulino calcinado pode ser utilizado para evitar o "rastejamento" e alguns outros defeitos do vidrado. O caulino abre a argila plástica, de modo a que esta

seca mais facilmente. É uma argila refractária, que aumenta o ponto de fusão do corpo, e torna o corpo mais branco.

Feldspato

Os feldspatos são utilizados como agentes fundentes para formar uma fase vítrea a baixas temperaturas e como fonte de álcalis e alumina em esmaltes. Melhoram a resistência, a dureza e a durabilidade do corpo cerâmico e cimentam a fase cristalina de outros ingredientes, amolecendo, fundindo e molhando outros constituintes do lote. As propriedades benéficas dos feldspatos incluem boa dispersabilidade, elevada inércia química, PH estável, elevada resistência à abrasão, índice de refração interessante.

Quartzo

O quartzo é a principal fonte de sílica (SiO_2) e é abundante e barato. Principal formador de vidro nos esmaltes, a sílica começa a fundir a cerca de 1700^0 C. O quartzo é utilizado para conferir resistência "verde", ou seja, resistência não cozida ao objeto moldado e para manter essa forma durante a cozedura. Também melhora as propriedades finais dos objectos cerâmicos.

O processo de cobrir uma peça de cerâmica com uma fina camada de vidro ou de vidro e cristal para obter uma superfície lisa e impermeável é designado por vidragem. O vidrado é uma camada fina de vidro. Os vidrados podem ser claros ou transparentes, opacos ou não transparentes, coloridos e mate. O vidrado é uma mistura de dois ou mais silicatos, por exemplo

$$Na_2CO_3 + SiO_2 \rightarrow Na_2SiO_3 + CO_2 \qquad \text{(5.1)}$$

$$CaCo_3 + SiO_2 \rightarrow CaSiO_3 + CO_2 \qquad \text{(5.2)}$$

Três caminhos básicos do esmalte

Em geral, o esmalte é constituído pelas seguintes vias

- Óxido básico, por exemplo, K_2O, MgO, CaO, NaO, ZnO

- Óxido neutro/óxido anfotérico, por exemplo, Al_2O_3

- Óxido ácido, por exemplo SiO_2 (que proporciona a superfície vítrea)

Para que a fórmula de um esmalte esteja correcta, a soma dos óxidos básicos deve ser igual à unidade, por exemplo

$0,2k_2 + 0,1MgO + 0,5CaO + 0,2ZnO = 1$

Classificação e temperatura do esmalte

Existem muitas formas diferentes de classificar o vidrado de acordo com os ingredientes, a cor, a opacidade do vidrado ou mesmo a utilização que lhe será dada. O método mais comum e talvez o mais claro e mais fácil de compreender é dividir os vidrados de acordo com a temperatura a que amadurecem.

O esmalte divide-se principalmente em 3 grupos

• Esmalte a baixa temperatura: [1050 C-1150°° C (ou seja, 1922° F -- 2102° F) para faiança média]

• Esmalte de temperatura média: [1200° C- 1220° C (ou seja, 2192 F--2228°° F) para faiança média].

• Grés e esmalte de alta temperatura: [1250° C- 1280° C (ou seja, 2282 F-2336°° F) para corpos de grés e corpos de porcelana].

• Outros grupos incluem os vidrados que têm uma vasta gama de cozedura entre 1200 C-1260°° C (ou seja, 2192 F-2300°° F).

A maior parte dos vidrados pode ser colorida ou manchada através da adição de óxidos metálicos, o que resulta em superfícies coloridas atractivas. Dentro de cada grupo, os vidrados estão divididos em subtítulos, começando por vidrados transparentes e semitransparentes, opacos e mate, coloridos e ferrosos.

Esmaltes para colorir

A cor do vidrado é afetada por uma vasta gama de condições e factores diferentes. Em primeiro lugar, a cor depende do corpo da louça e da quantidade de ferro que contém. No entanto, este fator pode escurecer ou aclarar o vidrado. A cor e a qualidade do vidrado são também afectadas pela atmosfera de cozedura do forno, quer se trate de uma atmosfera oxidada ou reduzida.

A temperatura atingida, o tempo de cozedura e a espessura da aplicação do vidrado são outros factores importantes que afectarão o aspeto final do vidrado. Por conseguinte, é importante testar o vidrado com um material específico, uma argila específica e o forno para descobrir exatamente como responde a condições individuais.

Os materiais que dão cor ao esmalte são os seguintes

• Esmalte branco; silicato de zircónio ($ZrSiO_4$) $\xrightarrow{gives}$ branco creme

• Óxido de estanho (SnO_2) $\xrightarrow{gives}$ cor azul-esbranquiçada fria e esmalte transparente

- Óxido de crómio (Cr$_2$O$_3$ e óxido de estanho (SnO$_2$) $\xrightarrow{gives}$ vermelho.

- Carbonato de cobalto (CoCO$_3$) $\xrightarrow{gives}$ dá um azul meia-noite num vidrado feldspático

- Dióxido de titânio (rutilo) TiO$_2$ $\xrightarrow{gives}$ Cor branca cremosa mate na cozedura de oxidação

mas dá um rico efeito cinzento-azulado mate na cozedura de redução

- Carbonato de manganês (MnCO$_3$) $\xrightarrow{gives}$ cor-de-rosa em meio alcalino e dolomítico e castanho no vidrado feldspático.

- Rutilo (TiO$_2$): $\xrightarrow{gives}$ cor lustrosa ou castanha na oxidação. É um opacificador

- Óxido de crómio (Cr$_2$O$_3$); na maioria dos esmaltes $\xrightarrow{gives}$ uma cor verde opaca; em alguns esmaltes que contêm óxidos de estanho, obtém-se um vermelho carmesim com a combinação cromo-estanho-rosa.

Nota: O carbonato de cobalto (CoCO$_3$) produz um vidrado azul que varia entre o rosa (num vidrado de dolomite) e o azul vivo num vidrado alcalino e o azul da meia-noite num vidrado feldspático. Também o óxido de estanho (SnO$_2$) tornará opaca a maioria dos vidrados brilhantes.

Defeitos do vidrado e causas

- A fissura é uma fenda numa peça de cerâmica com arestas vivas. Ocorre durante o ciclo de aquecimento ou de arrefecimento em resultado da inversão do quartzo, especialmente do arrefecimento ou aquecimento rápidos do corpo (573º C e 225º C), e também é causado por um elevado teor de sílica no vidrado. Pode ser corrigido reduzindo o teor de sílica do corpo, queimando e arrefecendo mais lentamente através do intervalo de temperatura da inversão de quartzo.

[α quartzo $\rightleftharpoons$ β quartzo] reduzir o teor de cal do vidrado.

- A fissuração é uma fenda de fogo na superfície do vidrado. Ocorre como resultado da expansão térmica do corpo entre o vidrado e o corpo da loiça, da aplicação de um vidrado demasiado espesso, da queima insuficiente do vidrado ou do corpo.

- O esmalte pinhole é um buraco de alfinete numa superfície de esmalte que se vê após a cozedura. É causado por ar preso no corpo da loiça durante a cozedura, por uma cozedura insuficiente do corpo, por um branqueamento excessivo do vidrado.

- O inchaço ocorre como resultado da formação de bolhas no interior do corpo durante a cozedura, que rebentam para a superfície da louça. As causas deste defeito incluem: Carbono preso no interior do corpo vítreo, corpo demasiado espesso em fundentes, cozedura irregular e gás preso na louça durante a cozedura, sobreaquecimento.

• O arrepio, descasque ou descascamento é um vidrado que se desprende do corpo, ocorrendo principalmente nos bordos de peças como potes, chávenas, aros e pegas. Ocorre durante o período de arrefecimento, quando o corpo se contrai mais do que o vidrado, submetendo-o a uma ligeira compressão que confere grande resistência à peça. No entanto, quando esta compressão é demasiado elevada, o vidrado é forçado a sair das bordas ou dos bordos de uma pega de uma louça sob a forma de flocos ou de prata de vidrado.

• O rastejamento é um vidrado que se forma em rolos e grumos, deixando manchas nuas na superfície do barro. Resulta da presença de pó na louça ou da contração dramática do vidrado causada por uma aplicação demasiado espessa do mesmo.

Remédios para os defeitos do vidrado

• O embaciamento pode ser remediado reduzindo o teor de sílica do corpo, queimando e arrefecendo mais lentamente através da gama de temperaturas de inversão do quartzo.

• O aparecimento de fissuras pode ser atenuado se o vidrado aplicado no corpo da peça não for demasiado espesso.

• O defeito de pinhole pode ser controlado assegurando que o ar não fica preso na peça durante a fundição por deslizamento.

• O defeito de inchaço é corrigido quando se evita a queima excessiva e a queima irregular. Além disso, o corpo da loiça não deve ser demasiado espesso em fundentes.

• O tremor ou a descamação podem ser controlados pela adição de um defloculante para dispersar a partícula de matéria-prima. Isto permite que um deslizamento fluido seja produzido com o mínimo de água para que o encolhimento por secagem possa ser minimizado.

Medidas de segurança a observar durante a produção e aplicação do esmalte

• Usar botas de segurança

• É aconselhável não manusear peças partidas, pois a cerâmica pode ser muito afiada e causar cortes que não são inicialmente visíveis, pelo que é aconselhável usar luvas durante a pulverização.

• Usar máscaras para o nariz

• Devem ser usados óculos de proteção durante a pulverização e a produção.

• Devem ser usadas batas de laboratório.

• Tomar leite depois de pulverizar o verniz para neutralizar os gases inalados.

• Todas as ferramentas/equipamentos devem ser mantidos em bom estado.

• Todas as lesões devem ser comunicadas o mais rapidamente possível.

CAPÍTULO 6. PARÂMETRO DE DENSIFICAÇÃO

- Porosidade: A porosidade é uma medida dos espaços vazios (ou seja, "vazios") num material, e é uma fração do volume de espaços vazios sobre o volume total, entre 0 e 1, ou como uma percentagem entre 0 e 100%.

$$Porosity\ (P) = \frac{Ws-Wd}{Ws-Wsp} \times 100\% \ \text{----------------------} \ (6.1)$$

Em que Ws = *Peso de imersão,*

Wd = peso seco

Wsp = peso suspenso imerso.

- *Densidade aparente*: A densidade aparente é definida como a massa total de um corpo dividida pelo volume aparente. A densidade aparente de um corpo cerâmico fornece informações valiosas necessárias para controlar a qualidade de uma peça cerâmica após a cozedura no que diz respeito ao seu tamanho final e à porosidade e fissuras no corpo. A maioria dos métodos baseia-se na deslocação de volume pelo princípio de Arquimedes.

$$Bulk\ density = \frac{Wd}{Ws-Wsp} \times density\ of\ water \ \text{------------} \ (6.2)$$

Em que Ws = *peso de imersão*

Wd = peso seco

Wsp = peso suspenso imerso

- Retração linear: A retração linear, devida à cozedura, é definida como a percentagem da diminuição do comprimento da amostra de cerâmica e é de grande importância na indústria cerâmica. O comprimento é necessário para determinar o volume da amostra de cerâmica produzida e as suas dimensões antes do processo de conformação. A retração linear é devida a variações no tamanho e na forma das partículas da amostra. Durante o processo de cozedura, a porosidade é reduzida. A contração na cozedura pode ser substancialmente reduzida através da adição de materiais não encolhíveis à mistura.

$$Drying\ shrinkage = \frac{Lw-Ld}{Ld} \times 100 \ \text{-----------------------} \ (6.3)$$

$$Fired\ shrinkage = \frac{Lw-Lf}{Ld} \times 100 \ \text{---------------------------} \ (6.4)$$

$$Total\ shrinkage = \frac{Lw-Lf}{Lw} \times 100 \ \text{---------------------------} \ (6.5)$$

Em que Ld. = comprimento seco

Lw = comprimento húmido

L$_f$ = comprimento disparado

- O ensaio de capacidade de absorção de água é um parâmetro essencial para o avanço de características fundamentais como a resistência mecânica. As cerâmicas muito porosas com uma capacidade de absorção de água superior a 10 % têm geralmente capilares abundantes e poros grandes, favorecendo a circulação da água na cerâmica. Como resultado, esses materiais geralmente aumentam consideravelmente de volume com a água. Em contrapartida, as cerâmicas impermeáveis ou não absorventes, como a porcelana ou os ladrilhos de pedra, têm normalmente um baixo coeficiente de expansão da humidade.

$$Water\ absorption = \frac{Ws-Wd}{Wd} \times 100 \text{ ----------------------------- (6.6)}$$

Em que *Ws = peso demolhado após ebulição a 100 C°*

    Wd = peso seco

- A perda de peso em percentagem resulta da perda de peso na peça devido ao processo de secagem. A compreensão do processo de secagem pode ajudar os fabricantes a resolver problemas de secagem e a desenvolver programas de secagem mais rápidos.

A perda de peso (WL) foi calculada entre 105 ° C e a temperatura máxima de queima de 1156^0 C usando o seguinte formulário:

$$WL\ (\%) = \left[\left(\frac{md-mf}{md}\right)\right] \times 100 \text{ ---------------------------------- (6.7)}$$

Onde md = é a massa seca (105°C)

    Mf = massa queimada (1156°C)

BIBLOGRAFIA

Almeida B.A., Almeida M., Macarica V.A., Fonseca A.T., (2014). Reciclagem de Efluentes Líquidos na Indústria Cerâmica. Volume 55, Issue 3, 95-104. http://dx.doi.org/10.1016Zi.bsecv.2016.04.004

Beeley P., (2001). O material de moldagem: Propriedades, Preparação e Ensaio.

Butterworth Heineman publishers, Jordan Hill, Oxford. 2ª edição, 178-443.

Bonnet J.P., (2008). Mineral de argila. Volume 34, Número 5, 1207-1213.

Celik H., (2010). Applied Clay Science.Volume 50, Issue 2, 245-254.

Davis G.M., (2016). plaster Mixing: How to Mix Plaster for Ceramic Moulds. Ceramic Publications Company, Cleveland, Ohio, U.S.A

Holdridge D.A., Moore F. (1953). The Significance of Clay Water Relationships in Ceramics" (O significado das relações argila/água na cerâmica). Clay Minerals (2), 26-33.

Kogbe C.A., (1976). Geology of Nigeria. Elizabethan Publishing Company, Lagos, 237253.

McColm I.J., (1983') Ceramic Science for Materials Technologists. L. Hill Publishers, Michigan, E.U.A.

Osborne, Harold (ed), 1975. The Oxford Companion to the Decorative Arts. Oup, p.746. ISBN 0198661134.

Pampuch R., (1976). Materiais cerâmicos: An Introduction to Their Properties. Elsevier Scientific Publishing Company. Amesterdão.

Singer F, Singer S.S., (1971). Industrial Ceramics. Chapman and Hall.

Calciners And Dryers In The Mineral Industries-Background Information For Proposed Standards, EPA-450/3-85-025a, U.S. Environmental Protection Agency, Research Triangle Park, NC, outubro de 1985.

Kirk-Othmer Encyclopedia Of Chemical Technology, Fourth Edition, Volume 5, John Wiley & Sons, NewYork, 1992.

Ullman's Encyclopedia Of Industrial Chemistry, Quinta Edição, Volume A6.

Richerson, D. W. (1982). Modern Ceramic Engineering: Properties Processing, And Use In Design, Marcel Dekker, Inc., NewYork, NY.

Vincenzini, p. (ed.). (1991). Fundamentals Of Ceramic Engineering, Elsevier Science Publishers, Ltd., NewYork.

Normas ASTM (1985a), Specification for Water Absorption, Bulk Density, Apparent

Porosity, and Specific Gravity of Fired White Ware Products, ASTM International, Philadelphia, PA 19103, C.373-72

Norton, F.H (1980), Ceramics for the Artist Potter, Addison-Wesley Publishing Company Inc., Massachussets, EUA

Onaji, P. B. e Usman M, (1988), Development of Slip Cast Electrical Porcelain Body: Bomo Plastic Clay, Nigeria Journal of Engineering (NJE), Vol. 5, No.2, pp.8996.

Tucci, A., Esposito, L., Malmusi, L., Rambaldi, E. (2007). Novas misturas de corpo para azulejos de grés porcelânico com características mecânicas melhoradas. Journal of The European Ceramic Society Vol. 27, pp.1875-1881.

Okpanachi, C. O., Ibrahim, S. I., Okoro, A. C., Dogo, K., Idris, M. K. (2017). A Adequação da Areia de Quartzo Local na Produção de Cadinhos de Banho. Revista Internacional de Pesquisa Científica e Tecnológica, Volume 6, Edição 03. Pp. 126-128.